# BEI GRIN MACHT SICH IHR WISSEN BEZAHLT

AF149208

- Wir veröffentlichen Ihre Hausarbeit,
  Bachelor- und Masterarbeit

- Ihr eigenes eBook und Buch -
  weltweit in allen wichtigen Shops

- Verdienen Sie an jedem Verkauf

## Jetzt bei www.GRIN.com hochladen und kostenlos publizieren

**Bibliografische Information der Deutschen Nationalbibliothek:**

Die Deutsche Bibliothek verzeichnet diese Publikation in der Deutschen National-
bibliografie; detaillierte bibliografische Daten sind im Internet über http://dnb.d-
nb.de/ abrufbar.

**Impressum:**

Copyright © 2007 GRIN Verlag, Open Publishing GmbH
Druck und Bindung: Books on Demand GmbH, Norderstedt Germany
ISBN: 9783640511600

**Dieses Buch bei GRIN:**

http://www.grin.com/de/e-book/142258/der-dreisatz-bei-adam-ries-und-heute

**Robert Leuck, Simon Odermatt**

# Der Dreisatz bei Adam Ries und heute

GRIN Verlag

Humboldt-Universität zu Berlin

Mathematisch-naturwissenschaftliche Fakultät II

Institut für Mathematik

Fachbereich: Mathematik und ihre Didaktik

Hauptseminar: Mathematik und Unterricht

Handreichung zum Referat:

# Der Dreisatz bei Adam Ries und heute

Vorgelegt von: Simon Odermatt, Robert Leuck

Datum: 28.01.2007

# Inhaltsverzeichnis

# 1. Adam Ries und seine Zeit

## 1.1 Die Schule als Vermittlerin elementarer Rechentechniken?

Für die Vermittlung elementarer Rechenfertigkeiten kamen die Klosterschulen oder „Lateinschulen" des Mittelalters kaum in Betracht. Im Mittelalter gab es keine allgemeine Schulpflicht und damit auch keine verbindlichen Rahmenbedingungen. Die Schulmathematik war trotz einiger „Armenschulen" letztendlich dem Klerus und dem Landadel, später auch dem Stadtadel vorbehalten. Damit erhielt nur die elitäre Bevölkerung des europäischen Mittelalters einen Zugang zu mathematischer Bildung und dies nicht einmal einheitlich.

Ebenso konnte die Volksschule der Frühen Neuzeit den territorialen Bildungsaufträgen noch nicht gerecht werden. In den mitteldeutschen Kleinstaaten wurde die Schulpflicht zwar in der ersten Hälfte des 17. Jahrhunderts beginnend eingeführt, zum Beispiel in Braunschweig-Wolfenbüttel 1647, in Preußen 1717; es gibt auch eine Kirchenordnung von 1585 eine niedersächsische Kirchenordnung, die den Schulbesuch fordert. Aber wie stand es um die Umsetzung?

Schulordnungen regelten die organisatorische Gestaltung, legten den Lehrplan und die Unterrichtsinhalte fest, zu denen nicht überall von Anfang an Rechnen und Raumlehre gehörten. Gesetze zur Unterhaltung von Schulen sollten ihren Bestand sichern.

Immerhin sind Rechnen und Raumlehre schon recht früh unter den Gegenständen des Schulunterrichts aufgeführt, wie einige Schulordnungen belegen. Besondere Beispiele hierfür sind das Preußische Reglement von 1763 und der bekannte Schulmethodus des Herzogs Ernst des Frommen von Gotha (1642), welchem eine vergleichsweise starke Wirksamkeit zugesprochen wird. Schulrecht und Schulkonzeption entsprachen oft nicht der Schulwirklichkeit. Deshalb drängte Herzog Ernst von Gotha auf die tatsächliche Einhaltung des Schulmethodus und schrieb in seinen *Erinnerungspuncten* von 1664 im Hinblick auf das Rechnen:

> „Viel Schulmeister sollen sich im Rechnen besser üben, alß biß anhero geschehen, sonsten sie dem
> 10. Capitel im Schul-Methodo vom Rechnen, wie es ihre Schuldigkeit und der Jugend Wohlfahrt
> erfordert, nimmermehr nachkommen können."[1]

---

[1] Becker 1994, S. 16.

Erst ab Ende des 18. Jh. stand Schule unter Einfluss staatlicher Aufsicht und Reglementierung, also weit nach der Zeit von Adam Ries.[2]

## 1.2 Adam Ries – „Heerführer der deutschen Rechenmeister"[3]

Das Geburtsdatum von Adam Ries ist bis heute ungewiss. Ein Pfarrer aus Zwönitz gab den 12.4.1492 an, was auch in seinem Geburtsort Staffelstein in Oberfranken angenommen wird. Durch die Jahrhunderte hindurch ist auch die Schreibweise seines Namens umstritten, da diese zur damaligen Zeit noch von dessen Aussprache bei urkundlicher Eintragung abhing, welche von Ort zu Ort variieren konnte. Adam Ries selbst schrieb sich übrigens in seinen Werken meist „Ries" oder vereinzelt „Rieß". Darüber hinaus deklinierte man in damaliger Zeit die Familiennamen noch. „Das macht nach Adam *Riese*"[4] ist also der dritte und „gemacht durch Adam *Riesen*"[5] der vierte Fall. Mit zunehmender Verbreitung der kursächsischen Kanzleisprache kam jedoch das Endungs-e auch im ersten Fall sowie in *Riesens* Namen in Mode. Aus *Schul, Prob, Jud, End* und *Ries* wurden allmählich *Schule, Probe, Jude, Ende* und eben schon bei seinen Enkeln *Riese*. So ging er auch in die europäische Geschichte ein, was vergleichbar mit der dorischen Form *Pythagoras* statt der eigentlichen ionischen Form *Pythagores* ist. Interessant hierbei ist, dass Adam Ries seinen Namen weder nach humanistischer Manier latinisierte noch gräzisierte, was von seinem Deutschbewusstsein zeugen kann oder aber von dem angenommenen Nichtbesuchen irgendeiner Akademie.[6]

Über Adam Ries' Jugend ist wenig bekannt. Er wuchs mit drei Geschwistern und drei Stiefgeschwistern bei seiner Mutter Eva auf. Seinen Vater Contz verlor im Alter von 14 Jahren. Nach dem Besuch einer Berg- und Lateinschule soll er in Wittenberg studiert haben, was aber beides nicht belegt ist.

*Rechenmeister* wurde man nach sechzehnjähriger Lehrzeit, wobei es auch Studenten und Autodidakten gab, die eine Rechenschule eröffneten. Wo Ries diesen Titel erhielt, ist nicht genau bekannt. Nach den üblichen Wanderjahren eines jungen Rechenmeisters konnte dieser dann eine

---

[2] Vgl. Becker 1994, S. 16.
[3] Roch 1992, S. 11.
[4] Volkstümlich wird so die Richtigkeit eines Rechenergebnisses unterstrichen.
[5] Autorenzuordnung im Einband der Ries-Schriften.
[6] Einige Chronisten nannten ihn „Risius" (lat.) bzw. „Gigas" (griech.).

städtische oder landesherrliche Anstellung annehmen bzw. eine eigene Schule gründen. Ries verwertete die Rechenerfahrungen, welche er auf Reisen beispielsweise bei Problemen machte, die ihm Bauern stellten, 1518 in einem ersten Rechenbüchlein *„Rechnung auff der linihen"*. Während dieser Zeit begann er seine Tätigkeit in einer Erfurter Rechenschule und hatte in sein zweites Rechenbuch von 1522 bereits die neu aufgekommene Rechenmethode *auf der federn* aufgenommen. Sein 1524 beendetes Manuskript *„Coß"*, ein Buch zur Algebra, konnte wegen Geldmangels nicht veröffentlicht werden. 1550 erschien noch ein drittes Rechenbuch aus *Riesens* Hand mit dem Titel *„Rechenung nach der lenge auff der Linihen und Feder"* mit der einzigen zeitgenössischen Abbildung des Rechenmeisters. Dies hatte er in Annaberg verfasst, wo er ab 1525 lebte und als Rechenlehrer und Stadtbeamter arbeitete. Seine Werke beschreiben en gros die kontinuierliche Entwicklung vom Linien-Rechnen mit Rechenpfennigen oder Abakus zum Ziffernrechnen mit der Feder, was unserem heutigen schriftlichen Rechnen sehr ähnlich ist.[7]

Woraus resultiert die kollektive Erinnerung an *Adam Riese*? Nun, er benutzte nicht das Latein der Gelehrten, sondern war der Verfasser erstmals *deutsch*sprachiger Rechenbücher. Darüber hinaus benutzte er in seinen Büchern Rechenregeln, was ebenfalls ein Novum darstellte, waren doch vorher Rechenwege ohne jegliche Erklärung niedergeschrieben worden. Damit war er Wegbereiter für modernes Rechnen und eröffnete die Mathematik einer breiteren Bevölkerungsschicht. Dies wurde noch begünstigt durch die kürzlich entwickelte Buchdruckerkunst mit beweglichen Lettern. Weiterhin sind Adam Ries' Forschungen und Werke entscheidende Beiträge zum Einsatz der strukturierteren arabischen Zahlen im Dezimalsystem, statt der unhandlichen römischen Zahlen.

Adam Ries starb am 30. März 1559 in Annaberg im Erzgebirge und sein Erbe wird im Adam-Ries-Bund in Ehren gehalten.[8]

---

[7] Vgl. Roch 1992, S. 10-18.
[8] Vgl. Becker 1994, S. 34-42.

## 2. Regula de Tri

### 2.1 Die Regula de Tri und ihr mathematischer Hintergrund

Nach damaliger Auffassung wird unter der *Regula de Tri* ein Grundschema bzw. Algorithmus zum Lösen von Sachaufgaben verstanden. Der Name leitet sich aus dem lateinischen ab und lässt sich als die Regel von drei (bekannten Dingen oder Größen) oder auch Dreisatz übersetzen, wobei der Name Dreisatz von den „drei gesetzten Dingen" und nicht von „3 Sätzen" herrührt, was gelegentlich falsch angenommen wird. Dabei geht es verallgemeinert um Proportionen (Verhältnissen) von Größen zueinander.

### 2.1.1 Direkte (gerade) Proportionalität

Zwei bel. Zahlen a und b $\in$ ¡ mit a $\neq 0$ und $\frac{b}{a} = c$ heißen direkt proportional $\Leftrightarrow$ c $\in$ ¡ fest ist.

c heißt Proportionalitätsfaktor.

Die direkte Proportionalität zeigt sich
auch in der linearen Funktion
$y = c \cdot x$ .

Die Zahlenpaare (a,b) können als
Punkte auf dem Graphen der Funktion
abgelesen werden.

Die Steigung des Graphen entspricht dem Proportionalitätsfaktor.

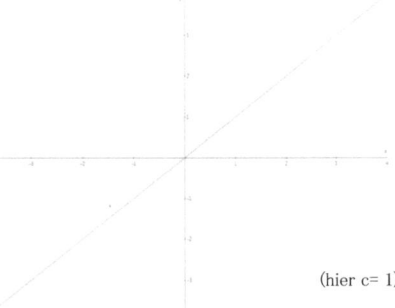

(hier c= 1)

## 2.1.2 Indirekte (umgekehrte, Anti-) Proportionalität

Zwei bel. Zahlen a und b $\in$ ¡ mit a·b = c heißen indirekt proportional $\Leftrightarrow$ c $\in$ ¡ fest ist.
Die indirekte Proportion lässt sich analog zur obigen mittels folgender Funktion darstellen:
$y = \frac{a}{x}$ mit x $\neq$ 0 .

## 2.2 Geschichtliche Bedeutung

Der genaue Ursprung der Regula de Tri ist nicht eindeutig gesichert. Auf jeden Fall begründet sie sich nicht auf Adam Ries, wie man heute denken könnte, sondern war schon lange vor seiner Zeit bekannt. Es gilt als wahrscheinlich, dass sie von italienischen Kaufleuten in den deutschen Sprachraum gebracht wurde. Zu jener Zeit spielte lediglich der Algorithmus, also die Anwendung der Regula de Tri auf konkrete Probleme des Alltags eine Rolle. Die Hauptbedeutung lag in der Berechnung von Warenpreisen, also dem Verhältnis von Warenmenge zu Warenpreis. Dies zeigt sich in zeitgenössischen Aufzeichnungen, in denen sämtliche Beispiele von Waren und den zugehörigen Preisen handeln. Nicht selten unterhielten die Kaufleute sogenannte „Rechenknechte", die sämtliche Mathematik für sie übernahmen. Trotzdem bot die Regula de Tri den Kaufleuten eine effektive Möglichkeit, simple Rechnungen durchzuführen. Sie wurde als so bedeutsam angesehen, dass sie auch die *Goldene Regel* genannt wurde. So heißt es in einem Bamberger Rechenbuch aus dem Jahre 1483[9]:

> „Uns haben die meyster der freyn kunst von der zal ein regel gefunden die heist die gulden regel Danno das sie so kospar vnd nucz ist. dann aller ander regel zu gleicher weys. als golt vbertrifft alle andern metall Sie wirdet auch genennet regula de tre nach welsischer zungen als die sagt von dreierlei…"[10]

---

[9] Vgl. Becker 1994, S. 102-109.
[10] Ebd., S. 105.

## 2.3 Rechnen mit der Regula de Tri damals

Da, wie bereits erwähnt, in der damaligen Zeit der Algorithmus und weniger der mathematische Hintergrund bedeutend war, wurde die Regula de Tri von damaligen Mathematikern in Form von Berechnungsvorschriften verfasst. Adam Ries schreibt über die Regula de Tri:

> „Ist ein regel von dreyen dingen
> setz hinden das du wissen wilt wirt die frag geheysen
> das ym vnder den anderen zweyen am namen gleych ist. setz vorn
> vnn das ein ander dingk bedeut mitten
> Darnach multiplicir das hinden vnn mitten steht durcheinander
> dass daraus kompt. theyl ab mit dem fordern
> so hastu wie theur das dritt kömet.
> vnnd das selbig ist am namen gleych dem mitteln"[11]

Nicht selten wurden diese Berechnungsvorschriften in Reimform gefasst. Johann Böschenstein beschreibt die Regula de Tri folgendermaßen:

> „Das mittel mit dem hinden multiplicier
> Dasselbig mit dem vordern Diudier
> Was dir kumbt zu stunden
> Hast du der frag antwort gefunden"[12]

Im Gegensatz zu den Kaufleuten ging es den damaligen Rechenmeistern mehr um das Rechnen als solches und weniger um den Realitätsbezug. So wurden unsinnige Ergebnisse nicht ausgeschlossen. In Adam Ries' 2. Rechenbuch ergibt sich in einer Aufgabe 266 2/3 Bauern als Lösung. Ein anderer Rechenbuchverfasser weist auf diese Problematik hin. Bei einer Aufgabe, in der 2 Mann 1 Schiff in 100 Wochen fertig stellen würden, ergäbe sich als Lösung, dass 100 Mann das gleiche Schiff in 2 Wochen fertig stellen könnten. Wenn dieses Schiff jedoch ein kleines Schiff wäre, würden sich die Männer gegenseitig beim Arbeiten behindern oder nicht gleichzeitig arbeiten können, so dass die Lösung nicht mehr stimmen würde. Trotzdem wurden die Bezeichnungen vorn, Mitte, hinten bis ins 19. Jahrhundert beibehalten.

---

[11] Becker 1994, S. 106.
[12] Ebd., S. 107.

Im Folgenden wurde die Regula de Tri von den Rechenmeistern, allen voran Adam Ries, sehr präzise nach Aufgabentypen, Sonderfällen und Schwierigkeitsgraden differenziert:

1. vorne, Mitte oder hinten steht eine 1
2. Umrechnungen sind notwendig (dabei wurden die Warenmengen bzw. -Preise meist in die kleinst vorkommende Einheit umgerechnet um Brüche zu vermeiden)
3. Brüche kommen vor
4. Umgekehrte Regula de Tri (Antiproportionalität)
5. Regula de Quinque (5 Größen gegeben, die sechste soll berechnet werden, dabei wurde das Problem auf die Regula de Tri zurückgeführt)

Um diese, die meisten Kaufleute überfordernden Aufgaben zu lösen, entwickelten die Rechenmeister Verfahren zur Vereinfachung der Rechnungen. Dabei sind vor allem die Welsche Praktik, die Tollettrechnung und die Reessche Regel zu nennen. Diese Verfahren zielen zumeist darauf ab, schematisch mit Brüchen umgehen zu können oder die Brüche so zu erweitern, dass mit ganzen Zahlen weiter gerechnet werden konnte.[13]

---

[13] Vgl. Becker 1994, S. 109-123.

# 3. Der Dreisatz und Adam Ries in der heutigen Schule

## 3.1 Das Dreisatzschema

Das Dreisatzschema ist im Rahmenlehrplan Mathematik für Berlin innerhalb des Pflichtbereiches P2 Klasse 7/8: „Verhältnisse mit Proportionalität erfassen" verortet. Genauer erzielt man hierbei die Kompetenz, „proportionale Zusammenhänge in Sachsituationen zu beschreiben und zu berechnen". Dabei sollen Schülerinnen und Schüler unter anderem die Berechnung von Prozentsatz, Prozentwert und Grundwert mit dem Dreisatz erlernen und dieses Lösungsverfahren mit anderen vergleichend anwenden.[14]

Die Anwendung im Lehrbuch der 7. Klassenstufe erfolgt beispielsweise in der nachstehenden Form:

*Dreisatzschema bei proportionaler Zuordnung*

| Was wollen wir wissen? | Prüfe, ob eine proportionale Zuordnung vorliegt. |
|---|---|
| 1. Satz: Was wissen wir? | Schreibe die zu berechnende Größe in den drei Sätzen immer rechts. |
| 2. Satz: Schluss auf die Einheit. | |
| 3. Satz: Schluss auf das Vielfache. | Lies aus Satz 2 den Proportionalitätsfaktor der Zuordnung ab. |
| Antwortsatz. | |

*Beispiel*

Wie viel Liter Benzin kann Axel in seinen Tank füllen, wenn er dafür noch 24,50 Euro locker machen kann und Bernd für 18 Liter 20,88 Euro bezahlt hat?

| Was wollen wir wissen? | Wie viel Liter bekommt man für 24,50 Euro? |
|---|---|
| 1. Satz: Was wissen wir? | Für 20,88 Euro bekommt man 18 Liter. |
| 2. Satz: Schluss auf die Einheit. | Für 1 Euro bekommt man $\frac{18}{20,88}$ Liter. |
| 3. Satz: Schluss auf das Vielfache. | Für 24,50 Euro bekommt man $\frac{18}{20,88} \cdot 24,50$ Liter. |

Antwortsatz: Axel kann für seine 24,50 Euro also 21,12 Liter tanken.

---

[14] Vgl. RLP 2006, S. 26.

## 3.2 Adam Ries im Mathematiklehrbuch

Genauso wie viele andere Aspekte und Personen historischer Mathematik fand auch Adam Ries seinen Weg in die Schulbücher. Das Mathematiklehrbuch der vierten Klasse „Nussknacker: Mein Mathematikbuch 4" aus dem Klett Verlag 2005 bietet den Lehrern und Schülern in seinem Kapitel „Zahlenwerkstatt: Zu Gast bei Adam Ries" die Möglichkeit den Rechenmeister und die Rechenmethode des Linienrechnens kennen zu lernen und anzuwenden[15]:

---

[15] Maier 2005, S. 89. Derselbige Versuch im Rahmen unseres Seminars hat gezeigt, dass diese heute unkonventionelle Rechenmethode sehr viel Motivationspotenzial birgt.

# 4. Diskussion

## 4.1 Thesen

Die Regula de Tri hat heutzutage kaum noch Bedeutung für die Schulmathematik.

Wenn die Schülerinnen und Schüler mit Hilfsmitteln wie Abakus und Rechenpfennigen umgehen könnten, kämen sie in Kopfrechensituationen des Alltags besser zurecht.

In der Schule ist der Taschenrechner mittlerweile der einzig notwendige und erfolgreiche Helfer, den eine Schülerin/ein Schüler für seine mathematischen Überlegungen braucht.

Schülerinnen und Schülern fällt es oft schwer, den Sinngehalt von Ergebnissen zu evaluieren, da sie Algorithmen anwenden, ohne die zu Grunde liegende Mathematik oder den Bezug zu Lebenssituationen zu realisieren.

## 4.2 Diskussion der Thesen

In der anschließenden Diskussion unseres Vortrages und unserer formulierten Thesen waren hauptsächlich drei Kernpunkte maßgeblich. Dabei handelt es sich um die Frage nach der Berechtigung des Kopfrechnens bzw. alternativer Rechenmittel/-methoden im Zeitalter des Taschenrechners. Der zweite Punkt umfasste das Problem, inwiefern Mathematikunterricht dem Lehren von Algorithmen und deren Anwendung oder Erkenntnislernen mit direktem Anspruch, den Sachverhalt zu verstehen und mathematisch zu durchdenken entspricht, was sicherlich eine Zuspitzung der Realität darstellt.

Die Seminarteilnehmer gaben zu bedenken, dass der Taschenrechner für den Mathematikunterricht zwar obligatorisch sei, wobei damit die Fragen verbunden wurden, wann, in welchem Umfang und in welchen Teilsachgebieten dieser eingesetzt werden müsse. Allgemein kamen wir zu dem Ergebnis, dass der Taschenrechner zur Berechnung von Wurzeln, trigonometrischen Funktionen, Logarithmen, Polynomen und e-Funktionen eingeführt bzw. eingesetzt werden sollte. Dies geschieht zum Ende der Sekundarstufe I und während der gesamten Sekundarstufe II. Somit sollte der Taschenrechner als Mittel zum Zweck („Rechenknecht") dienen, nicht jedoch den Mathematikunterricht als solchen bestimmen. Letztendlich muss je nach Situation vom Lehrer entschieden werden, ob ein Taschenrechnereinsatz sinnvoll erscheint oder nicht, denn an vielen Stellen beschleunigt dies den Unterrichtsfluss, den Kopfrechnen oder schriftliches Rechnen verlangsamen würden. Allerdings darf er dies nicht ersetzen. Die Möglichkeiten eines Mathematikunterrichts mit Computerunterstützung durch Computeralgebrasysteme und Dynamische Geometriesoftware (vgl. „Drei-Töpfe-Modell") verschärfen das Problem noch, können aber hier nicht weiter beleuchtet werden.

Viele Schülerinnen und Schüler sind nicht in der Lage, zu überprüfen, ob ihre Taschenrechnerergebnisse einen Sinn ergeben. Daran ist selbstverständlich nicht allein der Taschenrechner schuld. Das „blinde" Anwenden von Algorithmen spiegelt sich leider in der Schulwirklichkeit wider. Diese Erfahrung konnten viele Seminarteilnehmer laut eigener Aussage machen. Demnach besteht eine der Hauptaufgaben des Mathematiklehrers darin, das mathematische, logische, rationale Denken als Beitrag zur geistigen Entwicklung der Schülerinnen und Schüler anzuregen und zu etablieren, statt fachspezifisches mathematisches Wissen anzuhäufen, welches im postschulischen Leben der meisten Schülerinnen und Schüler wenig Bedeutung hat.

# 5. Literatur

Becker, Gerhard: Das Rechnen mit Münze, Maß und Gewicht seit Adam Ries, Cloppenburg 1994

Roch, Willy: Adam Ries. Ein Lebensbild, Leipzig 1992

Eidam, Hardy (Hrsg.): Summa Summarum. Das macht nach Adam Ries, Erfurt 2002

Kiefer, Jürgen (Hrsg.): Gemeinnützige Mathematik – Adam Ries und seine Folgen, Erfurt 2003

Maier, Peter H. (Hrsg.): Nussknacker. Mein Mathematikbuch, Bd. 4, Leipzig 2005

Rahmenlehrplan [RLP] für die Sekundarstufe I, Jahrgangsstufe 7-10, Mathematik, Berlin 2006

http://de.wikipedia.org/wiki/Adam_Ries [Wikipedia - Die freie Enzyklopädie, 19.11.06]

http://www.adam-ries-bund.de/ [Adam-Ries-Bund e.V., 19.11.06]

http://www.tux.org/~bagleyd/java/AbacusAppJS.html [diverse Abakus-Applets, 19.11.06]

http://www.benjaminwrightson.de/abakus/homepage.htm [Abakus-Funktionsweise, 19.11.06]

http://de.wikipedia.org/wiki/Abakus_%28Rechentafel%29 [Wikipedia - Die freie Enzyklopädie, 19.11.06]